Sitzungsberichte
der
Heidelberger Akademie der Wissenschaften
Stiftung Heinrich Lanz

Mathematisch-naturwissenschaftliche Klasse

*) *Jahrgang 1921 erschien im Verlage von Carl Winters Universitätsbuchhandlung in Heidelberg.*

Im Verlag von Walter de Gruyter & Co. vormals G. J. Göschen'sche Verlagshandlung — J. Guttentag, Verlagsbuchhandlung — Georg Reimer — Karl J. Trübner — Veit & Comp., Berlin erschienen:

Abteilung A. Mathematisch-physikalische Wissenschaften.

Jahrgang 1922: 3 Hefte.

Jahrgang 1923: 5 Hefte.

Jahrgang 1924: 11 Hefte.

Abteilung B. Biologische Wissenschaften.

Jahrgang 1923: 1 Heft.

Von Jahrgang 1925 ab findet die Trennung in Abteilung A und B nicht mehr statt.

Jahrgang 1925.

1. Heffter, Lothar. Zur absoluten Geometrie II. Reichsmark 0·50
2. Roeser, Ernst. Die komplementären Figuren der nichteuklidischen Ebene. Reichsmark 0·50
3. Fladt, Kuno. Neuer Beweis f. d. Zuordnung von rechtwinkligem Dreieck und Spitzeck in der hyperbolischen Elementargeometrie. Reichsmark 0·30
4. Salomon, Wilhelm. Beobachtungen über Harnische. Reichsmark 0·70
5. Loewy, A. Beiträge zur Algebra. 1—4. Reichsmark 1·—
6. Hellpach, Willy. 2. Mitteilung zur Physiognomik der deutschen Volksstämme. Reichsmark 0·30
7. Loewy, Alfred. Neue elementare Begründung u. Erweiterung der Galois'schen Theorie. Reichsmark 2·—
8. Curtius, Theodor u. Bertho, Alfred. Einwirkung von Stickstoffkohlenoxyd und von Stickstoffwasserstoffsäure unter Druck auf aromatische Kohlenwasserstoffe. Reichsmark 0·40
9. Roeser, Ernst. Die gnomonische Projektion in der hyperbolischen Geometrie. Reichsmark 0·70
10. Rasch, G. Über die Ausnützung der Gezeiten des Meeres zur Energiegewinnung. Reichsmark 0·80
11. Salomon, Wilhelm. Magmatische Hebungen. Reichsmark 1·20
12. Pütter, A. Altersbestimmungen an Drachenbäumen von Teneriffa. Reichsmark 0·90
13. Volk, Otto. Über geodätische rhombische Kurvennetze auf krummen Flächen, insbesondere auf Flächen konstanter Krümmung. Reichsmark 1·10
14. Roeser, Ernst. Die Fundamentalkonstruktion der hyperbolischen Geometrie. Reichsmark 1·40

(Fortsetzung siehe 3. Umschlagseite)

*) Bestellungen auf solche Veröffentlichungen der math.-naturw. Klasse, welche früher im Verlag von Carl Winters Universitätsbuchhandlung in Heidelberg erschienen sind, nimmt auch der Verlag Walter de Gruyter & Co., Berlin, entgegen.

Sitzungsberichte
der Heidelberger Akademie der Wissenschaften
Mathematisch-naturwissenschaftliche Klasse
Jahrgang 1929. 19. Abhandlung.

Über die Existenz der Lösungen von Systemen gewöhnlicher Differentialgleichungen

Von

A. Rosenthal
in Heidelberg

Vorgelegt von Herrn Liebmann in Heidelberg
in der Sitzung vom 9. November 1929

Berlin und Leipzig 1929

Walter de Gruyter & Co.

vormals G. J. Göschen'sche Verlagshandlung / J. Guttentag, Verlagsbuchhandlung / Georg Reimer / Karl J. Trübner / Veit & Comp.

Über die Existenz der Lösungen von Systemen gewöhnlicher Differentialgleichungen.

1. Durch verschiedene Methoden und von verschiedenen Mathematikern ist bekanntlich die Existenz der Lösungen des Systems

$$(1) \qquad \frac{dy_\nu}{dx} = f_\nu(x, y_1, \ldots, y_n) \qquad (\nu = 1, \ldots, n)$$

bewiesen worden, wenn die $f_\nu(x, y_1, \ldots, y_n)$ stetige Funktionen sind.[1]) In den allgemeinsten Fällen unstetiger f_ν muß erst festgesetzt werden, was unter einer Lösung des Systems (1) verstanden werden soll. Zwei solche Festsetzungen sind gegeben worden (die für stetige f_ν mit dem Üblichen übereinstimmen):

a) Als Lösungen der Differentialgleichungen (1) werden die Lösungen der zugehörigen Integralgleichungen bezeichnet. So verfahren Herr Ch.-J. de la Vallée Poussin[2]), der als erster unstetige f_ν in Betracht gezogen hat, und Herr C. Carathéodory[3]). Die Methode des Herrn de la Vallée Poussin besteht in einer Nachbildung der Riemannschen Integraldefinition und sie ist, wie er nachweist, völlig gleichwertig mit der Lösung der dem System (1) zugehörigen Integralgleichungen. Herr Carathéodory geht — mit Benutzung des Lebesgueschen Integralbegriffs — direkt von (1) zu den entsprechenden Integralgleichungen über und sucht deren Lösungen; die Existenz derselben wird von ihm unter geeigneten Meßbarkeits- und Stetigkeitsvoraussetzungen über die f_ν[4]) mittels einer Methode ausgewählter approximierender Treppen-

---

[1]) Vgl. den Bericht von M. Müller, Neuere Untersuchungen über den Fundamentalsatz in der Theorie der gewöhnlichen Differentialgleichungen, Jahresber. Dtsch. Math.-Ver. 37 (1928), S. 33—48.

[2]) Ch.-J. de la Vallée Poussin, Mémoire sur l'intégration des équations différentielles, Mém. cour. Acad. Bruxelles (in 8⁰) 47 (1892/93), 82 S.

[3]) C. Carathéodory, Vorlesungen über reelle Funktionen, Leipzig und Berlin 1918 (2. Aufl. 1927), S. 665—672.

[4]) Dabei kann man übrigens noch nachträglich in einer Nullmenge von x-Werten auf jede Voraussetzung verzichten.

Besonders einschneidend ist Carathéodorys Bedingung, daß $f_\nu(x, y_1, \ldots, y_n)$ für konstante x in $(y_1, \ldots, y_n)$ stetig sein soll. Daß man jedoch über diese Be-

polygone nachgewiesen.[5]) — Für die Differentialgleichungen (1) bedeutet dieser Übergang zu den Integralgleichungen: Es sollen totalstetige Funktionen $y_\nu(x)$ $(\nu = 1, \ldots, n)$ gesucht werden, deren Ableitungen [welche fast überall existieren [6])] den Funktionen $f_\nu(x, y_1(x), \ldots, y_n(x))$ fast überall gleich sind.

b) Abweichend davon bezeichnet Herr M. Nagumo [7]) ein System von stetigen Funktionen $y_\nu(x)$ $(\nu = 1, \ldots, n)$ als Lösung von (1), wenn für deren vier Hauptderivierte durchweg (im betrachteten Bereich) die Ungleichungen

$$(2)\qquad \overline{f_\nu}(x, y_1(x), \ldots, y_n(x)) \geqq D^{\pm}_{\pm} y_\nu(x) \geqq \underline{f_\nu}(x, y_1(x), \ldots, y_n(x))$$

gelten, wobei $\overline{f_\nu}(x, y_1, \ldots, y_n)$ bzw. $\underline{f_\nu}(x, y_1, \ldots, y_n)$ die obere bzw. untere Limesfunktion von $f_\nu(x, y_1, \ldots, y_n)$ bedeuten. Herr Nagumo beweist in diesem Sinn die Existenz der Lösungen von (1) mit vorgegebenen Anfangswerten in geeignetem Bereich, wenn die f_ν als beschränkt vorausgesetzt werden. — Es sei noch erwähnt, daß bei beschränkten f_ν auch die $\overline{f_\nu}$ und $\underline{f_\nu}$ beschränkt sind, und daß deshalb [6]) wegen (2) die Ableitungen $\frac{dy_\nu}{dx}$ fast überall existieren und ferner [7a]) die $y_\nu(x)$ auch totalstetig sind.

Die nachfolgenden Bemerkungen wollen die Nagumosche Definition verschärfen und sein Resultat auf nicht-beschränkte f_ν verallgemeinern.

2. Herr Nagumo [8]) weist selbst darauf hin, daß man nicht weit von dem gewöhnlichen Sinn des Integralsystems von (1) abweicht,

---

dingung nicht wesentlich hinausgehen und nicht einmal Stetigkeit durch Halbstetigkeit ersetzen kann, sieht man aus den allereinfachsten Beispielen, etwa:

$$\frac{dy}{dx} = f(x, y), \text{ wobei } f(x, y) = 0 \text{ für } y \neq 0$$
$$= 1 \text{ für } y = 0;$$

hier gibt es durch keinen Punkt der x-Achse eine Integralkurve im Sinn von Carathéodory.

[5]) Die Resultate des Herrn Carathéodory sind [bei Berücksichtigung des Anfangs von [4])] wegen der Verwendung Lebesguescher Integrale und der Zulassung nicht-beschränkter f_ν umfassender als die des Herrn de la Vallée Poussin.

[6]) Vgl. etwa Encykl. d. Math. Wiss. II C 9 b, S. 1092/93.

[7]) M. Nagumo, Über das System der gewöhnlichen Differentialgleichungen, Japanese Journ. of Math. 4 (1927), S. 215—230.

[7a]) Weil man von beschränkten Derivierten durch Lebesguesche Integration zu den primitiven Funktionen gelangt.

[8]) a. a. O., S. 215 Fußn. [2]).

wenn man sich auf den Fall beschränkt, daß die f_ν nur auf einer nirgends dichten Menge unstetig sind.

Daß in allgemeineren Fällen die Definition von NAGUMO doch wohl übermäßig weit ist, sieht man aus einfachen Beispielen, wie etwa dem folgenden: Es sei

$$\frac{dy}{dx} = f(x, y) \tag{3}$$

gegeben, wobei

$$f(x,y) = \begin{cases} 0, \text{ wenn } x \text{ irrational} \\ +1, \text{ wenn } x = 0 \text{ oder } = \dfrac{p}{2q+1} \\ -1, \text{ wenn } x = \dfrac{p}{2q} \end{cases}$$

[$p\,(\neq 0)$ und q ganz; Zähler und Nenner relativ prim]. Hier ist durchweg $\overline{f}(x, y) = +1$; $\underline{f}(x, y) = -1$. Lösungen von (3) im Sinne NAGUMOs sind demnach alle stetigen Funktionen $y(x)$ (mit vorgeschriebenen Anfangswerten), deren Derivierte zwischen $+1$ und -1 enthalten sind; also auch solche $y(x)$, deren Derivierte überhaupt nicht das geringste mit den Werten von $f(x, y)$ zu tun haben.

Man kann aber dieses und ähnliche Beispiele noch befriedigend erledigen, wenn man in (2) die „obere bzw. untere Limesfunktion von $f_\nu(x, y_1, \ldots, y_n)$ *bei Vernachlässigung der Nullmengen* [d. h. der Mengen vom $(n+1)$-dimensionalen Maß 0]" verwendet; wir wollen dieselben mit $\overline{f_\nu^*}$ bzw. $\underline{f_\nu^*}$ bezeichnen.[9])

Ein System von stetigen Funktionen $y_\nu(x)$ $(\nu = 1, \ldots, n)$ soll also Lösung von (1) heißen, wenn für ihre vier Hauptderivierten durchweg (im betrachteten Bereich) die Ungleichungen

$$\overline{f_\nu^*}\,(x, y_1(x), \ldots, y_n(x)) \geqq D_{\pm}^{\pm} y_\nu(x) \geqq \underline{f_\nu^*}\,(x, y_1(x), \ldots, y_n(x)) \tag{4}$$

gelten.

Das bedeutet gegenüber (2) für die $y_\nu(x)$ eine Einschränkung, weil

$$\overline{f_\nu}\,(x, y_1, \ldots, y_n) \geqq \overline{f_\nu^*}\,(x, y_1, \ldots, y_n) \geqq \underline{f_\nu^*}\,(x, y_1, \ldots, y_n) \geqq \underline{f_\nu}\,(x, y_1, \ldots, y_n). \tag{5}$$

---

[9]) Diese Begriffsbildungen gehen bekanntlich im wesentlichen auf R. BAIRE, Pariser Thèse (1899) = Ann. di mat. (3) 3 (1899), S. 72/4, 81/2; Acta math. 30 (1906), S. 21/22 zurück; vgl. insbesondere auch H. HAHN, Theorie der reellen Funktionen I, Berlin 1921, S. 173/6.

Bei endlichen Derivierten sowie bei den Derivierten totalstetiger Funktionen werden die Limesfunktionen durch Vernachlässigung der Nullmengen nicht geändert; vgl. H. LEBESGUE, Leçons sur l'intégration, Paris 1904, S. 80; 2. éd. Paris 1928, S. 87, und C. CARATHÉODORY [3]), S. 539 Fußnote.

Sind die $\overline{f_\nu^*}$ und $\underline{f_\nu^*}$ durchweg beschränkt (oder auch nur durchweg endlich), so existieren wieder [6]) wegen (4) fast überall die Ableitungen $\frac{dy_\nu}{dx}$.

Da ebenso wie $\overline{f_\nu}$ und $\underline{f_\nu}$ auch $\overline{f_\nu^*}$ und $\underline{f_\nu^*}$ nach oben bzw. unten halbstetig sind [vgl. [9])], so lassen sich die Überlegungen des Herrn Nagumo (a. a. O., S. 218—221) wörtlich wiederholen [vgl. auch [11])], und man erhält das analoge Resultat, daß nämlich das Differentialgleichungssystem (1) wieder in dem bei Nagumo (S. 218) angegebenen Bereich Lösungen mit vorgeschriebenen Anfangswerten im verschärften Sinne (4) besitzt, wenn die $f_\nu(x, y_1, \ldots, y_n)$ beschränkt sind; oder auch, was weniger fordert, wenn die $\overline{f_\nu^*}$ und $\underline{f_\nu^*}$ beschränkt sind.

Bei dem obigen Beispiel ergibt sich überall $\overline{f^*} = \underline{f_*} = 0$; also sind die einzigen Lösungen: $y = \text{const.}$[10])

3. Um nachher nicht-beschränkte f_ν behandeln zu können, soll zuerst der Hilfsatz 3 von Nagumo (S. 216/18), der dort für stetige Funktionen Φ_i formuliert ist, auf halbstetige Funktionen verallgemeinert werden.

B bezeichne den Bereich $|x - x_0| \leqq l$, $|y_\nu - y_\nu^0| \leqq k$ $(\nu = 1, \ldots, n)$; J sei irgendein offenes oder abgeschlossenes Teilintervall von $[x_0 - l, x_0 + l]$.[11])

Hilfsatz: Es sei ein System von Folgen stetiger Funktionen $\{y_\nu^{(t)}\}$ $(\nu = 1, \ldots, n;\ t = 1, 2, 3, \ldots)$ gegeben, die bzw. deren obere Derivierte im Intervall J den Ungleichungen

$$|y_\nu^{(t)}(x) - y_\nu^0| \leqq k \tag{6}$$

$$D^{\pm} y_\nu^{(t)}(x) \leqq \Phi_\nu(x, y_1^{(t)}(x), \ldots, y_n^{(t)}(x)) \qquad (\nu = 1, \ldots, n) \tag{7}$$

genügen, wobei die Funktionen $\Phi_\nu(x, y_1, \ldots, y_n)$ in B nach oben halbstetig sind. Konvergiert jede Folge $\{y_\nu^{(t)}(x)\}$ in J gleichmäßig gegen eine (stetige) Funktion $y_\nu(x)$ $(\nu = 1, \ldots, n)$, so bestehen auch die Ungleichungen

$$D^{\pm} y_\nu(x) \leqq \Phi_\nu(x, y_1(x), \ldots, y_n(x)) \qquad (\nu = 1, \ldots, n) \tag{8}$$

in J. —

[10]) In Übereinstimmung mit der Methode von Carathéodory.

[11]) Auch im Hilfsatz 3 von Nagumo ist entsprechend „offenes Teilintervall" durch „offenes oder abgeschlossenes Teilintervall" zu ersetzen; letzteres wird nämlich am Schluß des Beweises von „Satz 1" (a. a. O., S. 221) benötigt.

Dieser Hilfsatz gilt auch noch, wenn man (7) und (8) durch die Ungleichungen

$$(9) \qquad D \pm y_\nu^{(t)}(x) \geqq \Psi_\nu(x, y_1^{(t)}(x), \ldots, y_n^{(t)}(x)) \qquad (\nu = 1, \ldots, n)$$
$$(10) \qquad D \pm y_\nu(x) \geqq \Psi_\nu(x, y_1(x), \ldots, y_n(x))$$

ersetzt, wobei die Funktionen $\Psi_\nu(x, y_1, \ldots, y_n)$ in B nach unten halbstetig sind.

Beweis des Hilfsatzes:

x_1 sei ein Wert von J, also P_1 mit den Koordinaten x_1, $y_\nu(x_1)$ ein Punkt von B. Weil die $\Phi_\nu(x, y_1, \ldots, y_n)$ in P_1 nach oben halbstetig sind, bestehen für jeden Punkt P von B mit den Koordinaten x, y_ν, für den

$$(11) \qquad |x - x_1| \leqq h, \; |y_\nu - y_\nu(x_1)| \leqq h$$

ist, die Ungleichungen

$$(12) \quad \Phi_\nu(x, y_1, \ldots, y_n) \leqq \Phi_\nu(x_1, y_1(x_1), \ldots, y_n(x_1)) + \varepsilon \quad (\nu = 1, \ldots, n),$$

wobei $\varepsilon > 0$ beliebig klein und $h > 0$ hinreichend klein ist. Dies gilt, wenn Φ_ν in P_1 einen endlichen Wert hat; ist jedoch dieser Wert $= +\infty$ bzw. $-\infty$, so ersetze man die rechte Seite von (12) durch $+\infty$ bzw. $-N$, wobei N eine beliebig große positive Zahl ist. Wir wählen nun x_2 in J so, daß

$$(13) \qquad |x_2 - x_1| \leqq h, \; |y_\nu(x_2) - y_\nu(x_1)| \leqq \frac{h}{2} \qquad (\nu = 1, \ldots, n).$$

Für genügend große $t \geqq t_0$ wird ferner wegen der gleichmäßigen Konvergenz

$$(14) \qquad |y_\nu^{(t)}(x_2) - y_\nu(x_2)| \leqq \frac{h}{2},$$

also

$$(15) \qquad |y_\nu^{(t)}(x_2) - y_\nu(x_1)| \leqq h.$$

Deshalb gilt für $t \geqq t_0$

$$(16) \quad D \pm y_\nu^{(t)}(x_2) \leqq \Phi_\nu(x_2, y_1^{(t)}(x_2), \ldots, y_n^{(t)}(x_2)) \leqq \Phi_\nu(x_1, y_1(x_1), \ldots, y_n(x_1)) + \varepsilon,$$

(wobei die rechte Seite wieder gegebenenfalls durch $+\infty$ oder $-N$ zu ersetzen ist) und infolgedessen auch [wegen Hilfsatz 1 von Nagumo[12])]

$$(17) \qquad \frac{y_\nu^{(t)}(x_2) - y_\nu^{(t)}(x_1)}{x_2 - x_1} \leqq \Phi_\nu(x_1, y_1(x_1), \ldots, y_n(x_1)) + \varepsilon.$$

---

[12]) Der übrigens im wesentlichen bereits auf U. Dini zurückgeht [Fondamenti per la teorica delle funzioni di variabili reali, Pisa 1878, S. 192/4 = Grundlagen für eine Theorie der Functionen einer veränderlichen reellen Größe, dtsch. bearb. von J. Lüroth u. A. Schepp, Leipzig 1892, S. 262/5].

Läßt man nun zuerst $t \to \infty$ wachsen und darnach $h \to 0$ und schließlich auch $\varepsilon \to 0$ konvergieren (bzw. $-N \to -\infty$ gehen), so ergibt sich:

(18) $$D^{\pm} y_\nu(x_1) \leqq \Phi_\nu(x_1, y_1(x_1), \ldots, y_n(x_1)) \qquad (\nu = 1, \ldots, n).$$

4. Wir wollen nun den Existenzsatz von NAGUMO bzw. seine Verschärfung von Nr. 2 unter geeigneten Voraussetzungen auf nichtbeschränkte f_ν verallgemeinern. [Übrigens ist zu beachten, daß bereits die in Nr. 2 angegebene Bedingung der Beschränktheit von $\overline{f_\nu^*}$ und $\underline{f_\nu^*}$ nicht-beschränkte f_ν zuläßt.]

Satz: Bestehen für $|x - x_0| \leqq l$ und für alle $y_1, \ldots, y_n$ die Ungleichungen

(19) $$\left.\begin{array}{l} |\overline{f_\nu^*}(x, y_1, \ldots, y_n)| \\ |\underline{f_\nu^*}(x, y_1, \ldots, y_n)| \end{array}\right\} \leqq M(x) \qquad (\nu = 1, \ldots, n),$$

wobei $M(x)$ eine summierbare Funktion bedeutet, dann gibt es im Intervall $\xi - \delta \leqq x \leqq \xi + \delta$ (wo $|\xi - x_0| < \lambda < l$ und $\delta \leqq l - \lambda$) mindestens ein Integralsystem von (1) im Sinne (4) mit den Anfangswerten $y_\nu(\xi) = \eta_\nu$ $(\nu = 1, \ldots, n)$; [dabei sind die η_ν beliebige endliche Zahlen].

Zusatz: Derselbe Satz und der nachfolgende Beweis gelten für den ursprünglichen NAGUMOschen Begriff (2) des Integralsystems, wenn man (19) durch

(20) $$\left.\begin{array}{l} |\overline{f_\nu}(x, y_1, \ldots, y_n)| \\ |\underline{f_\nu}(x, y_1, \ldots, y_n)| \end{array}\right\} \leqq M(x) \qquad (\nu = 1, \ldots, n)$$

ersetzt, wobei wieder $M(x)$ eine summierbare Funktion bedeute.

Man beachte, daß nicht nur die NAGUMOsche Definition (2) weniger scharf ist als (4), sondern daß auch die Voraussetzung (20) wegen (5) mehr verlangt als (19). Wir beweisen deshalb den Satz gleich in der angegebenen schärferen Fassung.

Beweis des Satzes: Es sei

(21) $$f_\nu^{[s]} = \begin{cases} f_\nu, & \text{wenn } |f_\nu| < s \\ s, & \text{„} \quad f_\nu \geqq s \\ -s, & \text{„} \quad f_\nu \leqq -s \end{cases}$$

und zwar für $s = 1, 2, 3, \ldots$. Wir betrachten nun für jedes s das System der Differentialgleichungen

(22) $$\frac{dy_\nu^{[s]}}{dx} = f_\nu^{[s]}(x, y_1^{[s]}, \ldots, y_n^{[s]}) \qquad (\nu = 1, \ldots, n).$$

Nach Nr. 2 gibt es ein Lösungssystem $y_\nu^{[s]}(x)$ $(\nu=1,\ldots,n)$ von (22) im Sinne (4) mit den Anfangswerten $y_\nu^{[s]}(\xi)=\eta_\nu$ im Intervall J_0: $\xi-\delta\leqq x\leqq\xi+\delta$. [Dieses Intervall ergibt sich, wenn man in der NAGUMOschen Bestimmung des Bereiches (a. a. O. S. 218) mit Benutzung der dortigen, von den unsrigen abweichenden Bezeichnungen setzt: $G=s$; $x_i^0=0$ $(i=1,\ldots,\varkappa)$; $\zeta=1+\underset{\nu}{Max}\mid\eta_\nu\mid$; $k=\zeta+s\,(l-\lambda)$.] In J_0 ist also, mit Berücksichtigung von (19):

$$
\begin{aligned}
(23)\quad & M(x)\geqq\overline{f_\nu^*}\,(x,y_1^{[s]}(x),\ldots,y_n^{[s]}(x))\geqq\overline{f_\nu^{[s]*}}\,(x,y_1^{[s]}(x),\ldots,y_n^{[s]}(x))\\
&\geqq D^{\pm}_{\pm}y_\nu^{[s]}(x)\geqq\underline{f_\nu^{[s]*}}\,(x,y_1^{[s]}(x),\ldots,y_n^{[s]}(x))\geqq\underline{f_\nu^*}\,(x,y_1^{[s]}(x),\ldots,y_n^{[s]}(x))\\
&\geqq -M(x)\\
&\qquad(\nu=1,\ldots,n;\ s=1,2,3,\ldots\ldots).
\end{aligned}
$$

Da jedes $D^{\pm}_{\pm}y_\nu^{[s]}$ wegen des mittleren Teiles von (23) in J_0 beschränkt und daher summierbar ist, so gilt in J_0:

$$
(24)\qquad \mid y_\nu^{[s]}(x_2)-y_\nu^{[s]}(x_1)\mid=\mid\int_{x_1}^{x_2}D^+y_\nu^{[s]}(t)\,dt\mid\leqq\mid\int_{x_1}^{x_2}M(t)\,dt\mid
$$

und, wenn wir die größte der Zahlen $\mid\eta_\nu\mid$ mit $\bar\eta$ bezeichnen,

$$
(25)\qquad \mid y_\nu^{[s]}(x)\mid\leqq\bar\eta+\mid\int_\xi^x M(t)\,dt\mid;
$$

(wobei alle Integrale im Lebesgueschen Sinn genommen sind). Die $y_\nu^{[s]}(x)$ $(\nu=1,\ldots,n;\ s=1,2,3,\ldots\ldots)$ sind also in J_0 wegen (25) gleichmäßig beschränkt und wegen (24) gleichgradig stetig. Man kann deshalb Indexteilfolgen $\{s_\mu\}$ $(\mu=1,2,3,\ldots)$ aussondern, so daß die Folge $\{y_\nu^{[s_\mu]}(x)\}$ in J_0 gleichmäßig gegen eine stetige Grenzfunktion $y_\nu(x)$ konvergiert $(\nu=1,\ldots,n)$.

Wendet man nun (mit Berücksichtigung der Halbstetigkeit von $\overline{f_\nu^*}$ und $\underline{f_\nu^*}$) den Hilfsatz von Nr. 3 auf

$$
(23\,\mathrm{a})\quad \overline{f_\nu^*}(x,y_1^{[s_\mu]}(x),\ldots,y_n^{[s_\mu]}(x))\geqq D^{\pm}_{\pm}y_\nu^{[s_\mu]}(x)\geqq\underline{f_\nu^*}\,(x,y_1^{[s_\mu]}(x),\ldots,y_n^{[s_\mu]}(x))
$$

an, so ergibt sich:

$$
(26)\quad \overline{f_\nu^*}\,(x,y_1(x),\ldots,y_n(x))\geqq D^{\pm}_{\pm}y_\nu(x)\geqq\underline{f_\nu^*}\,(x,y_1(x),\ldots,y_n(x)),
$$

womit der Satz bewiesen ist.

Auch hier besitzen die Funktionen $y_\nu(x)$ fast überall eine (endliche) Ableitung; dies folgt[13]) daraus, daß wegen (26) und (19) die Derivierten fast überall endlich sind.

---

[13]) Nach A. DENJOY, J. de math. (7) 1 (1915), S. 188/192 [vgl. auch [6])].

5. Bezüglich der Tragweite der Voraussetzung (19) sei erwähnt, daß (19) und die von Herrn CARATHÉODORY[14]) benutzte Bedingung

(27) $$|f_\nu(x, y_1, \ldots, y_n)| \leqq N(x) \qquad (\nu = 1, \ldots, n),$$

[wobei $N(x)$ wieder eine summierbare Funktion bedeutet] übereinander greifen. Dies zeigen die beiden folgenden Beispiele:

a) Auch wenn (27) nicht erfüllt ist, kann (19) erfüllt sein.

Beispiel:

(28) $$f(x, y) = \begin{cases} n \text{ für } y = \frac{1}{n} & (n \text{ ganz und positiv}) \\ 0 \text{ überall sonst.} \end{cases}$$

Hier ist: $\overline{f^*}(x, y) = \underline{f_*}(x, y) = 0$.

b) Auch wenn (27) erfüllt ist, braucht (19) nicht zu gelten.

Beispiel:

Im Intervall $[0, 1]$ werde eine nirgends dichte, perfekte Menge A_1 vom Maß $\frac{1}{2}$ konstruiert[15]),

in den Lückenintervallen von A_1 werde eine nirgends dichte, perfekte Menge A_2 vom Maß $\frac{1}{2^2}$ konstruiert,

— — — — — — — — — — — — — — — — —

in den Lückenintervallen von $(A_1 + A_2 + \ldots + A_{n-1})$ werde eine nirgends dichte, perfekte Menge A_n vom Maß $\frac{1}{2^n}$ konstruiert,

— — — — — — — — — — — — — — — — —.

Die Vereinigungsmenge $\sum_{n=1}^{\infty} A_n = B$ bildet eine in $[0, 1]$ überall dichte Menge vom Maß 1; die Komplementärmenge von B sei mit C bezeichnet. Nun sei:

(29) $$f(x, y) = \begin{cases} \frac{2^n}{n^2}, \text{ wenn } x \text{ in } A_n \text{ liegt,} \\ 0, \text{ wenn } x \text{ in } C \text{ liegt.} \end{cases}$$

$f(x, y)$ ist nach x summierbar, aber $\overline{f^*}(x, y)$ überall im betrachteten Bereich unendlich. —

Ersetzt man (19) durch die mehr verlangende Forderung (20), so ergibt sich ohne weiteres: Aus (20) folgt stets (27), aber nicht umgekehrt.

---

[14]) C. CARATHÉODORY [3]), S. 672.

[15]) Vgl. etwa Encykl. d. Math. Wiss. II C 9 a, Fußn. [365]).

15. Rüger, L. u. Rüger-Haas, P. Palaeosemaeostoma geryonides v. Huene sp. eine sessile Meduse aus dem Dogger von Wehingen i. W. und Medusina liasica nov. sp., eine coronatenähnliche Meduse aus dem mittleren Lias von Hechingen i. Württemberg. Reichsmark 1·50

Jahrgang 1926.

1. Krull, Wolfgang. Theorie und Anwendung der verallgemeinerten Abelschen Gruppen. Reichsmark 1·70
2. Klebs, Georg. Über periodisch wachsende tropische Baumarten. Reichsmark 1·20
3. Müller, Max. Über die Oberfläche von Flächenstücken. Reichsmark 1·20
4. Ernst, Max. Über Anlagen von Organen, die nicht zur Ausbildung gelangen. Reichsmark 0·50
5. Ernst, Emil. Die optischen Eigenschaften des Andesins von Bodenmais. Reichsmark 1·10
6. Liepmann, Wilhelm. Leichengeburt bei Ichthyosauriern. Reichsmark 0·90
7. Klebs, Georg. Über die Längenperiode der Internodien. Reichsmark 2·40
8. Jost, L. u. v. Ubisch, G. Zur Windefrage. Reichsmark 0·80
9. Salomon, Wilhelm. Gibt es Gesteine, die für bestimmte Erdperioden charakteristisch sind? Reichsmark 0·30
10. Roeser, Ernst. Der reelle Übergang zwischen den beiden nichteuklidischen Geometrien und ihrem Parallelenbegriff. Reichsmark 1·20
11. Salomon, Wilhelm. Kugelförmige Absonderung. Reichsmark 0·80
12. Salomon, Felsenmeere und Blockstreuungen. Reichsmark 0·80
13. Salomon, Die Gruppendefinitionen in der Paläontologie. Reichsmark 0·90

Jahrgang 1927.

1. Loewy, Alfred. Neue elementare Begründung und Erweiterung der Galoisschen Theorie. Reichsmark 1·60
2. Liebmann, Heinrich. Rhombische Geradennetze im Raum. Reichsmark 1·—
3. Volk, Otto. Über geodätische Dreiecknetze auf Flächen konstanten Krümmungsmaßes. Reichsmark 1·80
4. Pütter, A. Chemische Reizwirkung und Giftwirkung. Mit einem mathematischen Anhang: Ein Diffussionsproblem von E. Trefftz. Reichsmark 2·40
5. Rembs, Eduard. Die Verbiegung des verlängerten Rotationsellipsoids. Reichsmark 1·60
6. Mayer, Adolf. Naturwissenschaftliche Ästhetik. Reichsmark 0·90
7. Mayer, Adolf. Naturwissenschaftliche Volkswirtschaftslehre. Reichsm. 0·80
8. Baer, R., Kaffeber, H., Krull, W., Schmidt, F. K. Beiträge zur Algebra. Nr. 5—10. Reichsmark 6·20
9. Müller, Max. Über die Eindeutigkeit der Intregale eines Systems gewöhnlicher Differentialgleichungen und die Konvergenz einer Gattung von Verfahren zur Approximation dieser Integrale. Reichsmark 2·50
10. Freudenberg, Karl. Intramolekulare Umlagerung optisch-aktiver Systeme. Reichsmark 1·—
11. Roeser, Ernst. Abbildung der hyperbolischen Ebene auf die Kugel mittels der Beziehung zwischen Lot und Parallelwinkel. Reichsmark 1·—
12. Rüger, L. Die direkte gebirgsgetreue Übertragung der auf dem Universaldrehtisch gewonnenen Messungsergebnisse gebirgsorientierter Schliffe in das Diagramm. Reichsmark 1·20
13. Jost, L. Elektrische Potentialdifferenzen an der Einzelzelle. Reichsmark 1·90

Jahrgang 1928.

1. Rüger, L. Einige Bemerkungen zur Darstellung tektonischer Elemente, insbesonders von Klüften und Harnischen. Reichsmark 1·20
2. Herbst, Curt. Untersuchungen zur Bestimmung des Geschlechts. Ein neuer Weg zur Lösung des Geschlechtsbestimmungsproblems bei Bonellia viridis. Reichsmark 1·50
3. Merton, Hugo. Untersuchungen über die Entstehung amöbenähnlicher Zellen aus absterbenden Infusorien. Reichsmark 2·20

4. Baer, Reinhold. Zur Einordnung der Theorie der Mischgruppen in die Gruppentheorie. Reichsmark 2·20
5. Baer, Reinhold. Über die Zerlegungen einer Mischgruppe nach einer Untermischgruppe. Reichsmark 1·50
6. Roeser, Ernst. Komplementäre Körper der beiden nichteuklidischen Geometrien. Reichsmark 1·—
7. Krull, Wolfgang. Primidealketten in allgemeinen Ringbereichen. Reichsmark 1·10
8. Salomon, Wilhelm. Geologische Beobachtungen des Leonardo da Vinci. Reichsmark 0·90
9. Liebmann, Heinrich. Die Sätze von Lie und Gambier über Kurven eines Linienkomplexes. Reichsmark 0·90
10. Merz, K. W. Über den Wirkungsantagonismus von Blutkörperchen und Serum bei chemisch faßbaren biologischen Vorgängen. Reichsmark 1·20
11. Mühlbach, R. Über Raumkurven in der Möbius'schen Geometrie. Reichsmark 1·20
12. Ernst, Paul. Wurzeln der Medizin. Reichsmark 1·50
13. Mayer, Adolf. Naturwissenschaftliche Apologetik des Christentums. Reichsmark 1·60
14. Baer, Reinhold. Beiträge zur Galoisschen Theorie. Reichsmark 1·80
15. Salomon, Wilhelm. Neue geologische Beobachtungen im Baitonegebiet des Adamello. Reichsmark 0·90
16. Erdmannsdörffer, O. H. Über Disthen-Andalusitparagenesen. Reichsm. 1·20
17. Schneidt, Max. Kurvennetze ohne Umwege. Reichsmark 1·30
18. Bopp, K. J. H. Lamberts und A. G. Kaestners Briefe aus den Gothaer Manuskripten herausgegeben. Reichsmark 2·20
19. Freudenberg, K. Zur Kenntnis des Fichtenholz-Lignins. Reichsmark 1·10

Jahrgang 1929:

1. Volk, Otto. Über Flächen mit geodätischen Dreiecksnetzen. Reichsm. 2·50
2. Schmidt, F. K., Krull, W., Breuer, S. Beiträge zur Algebra. Nr. 11—13. Reichsmark 1·80
3. Hieber, W., Zur Kenntnis der chemischen Reaktionen des Eisencarbonyls. Reichsmark 0·90
4. Salomon, Wilhelm. Gletscherbeobachtungen am Vadret Lischanna (Unterengadin). Reichsmark 1·—
5. Salomon, Wilhelm. Arktische Bodenformen in den Alpen. Reichsmark 2·50
6. Müller, Max. Über die Greensche Funktion des Laplaceschen Differentialausdruckes. Reichsmark 1·50
7. Rüger, L. Machairodus latidens Owen aus den altdiluvialen Sanden von Mauer a. d. Elsenz. Reichsmark 0·90
8. Lenard, P. Über Energie und Gravitation. Reichsmark 1·90
9. Deecke, W. Zur Entstehung der Kare. Reichsmark 0·80
10. Roeser, E. Neue Sätze über sphärische und hyperbolische Fünfecke. Reichsmark 1·—
11. Baldus, R. Über Eulers Dreieckssatz in der absoluten Geometrie. Reichsmark 1·—
12. Trautz, M. Die Reibung, Wärmeleitung und Diffusion in Gasmischungen. II. Reichsmark 2·80
13. Sander, B., und Felkel, E. Zur tektonischen Analyse von Schmelztektoniten. Reichsmark 2·50
14. Scholz, Arnold. Beiträge zur Algebra. Nr. 14. Reichsmark 1·20
15. Baer, Reinhold. Beziehungen zwischen den Grundbegriffen der Topologie. Reichsmark 1·60
16. Herbst, Curt. Untersuchungen zur Bestimmung des Geschlechts. Weitere Experimente über die Vermännlichung indifferenter Bonellia-Larven durch künstliche Mittel. Reichsmark 3·—
17. Erdmannsdörffer, O. H. Über Alkalihornblenden aus dem Radautal. Reichsmark 0·80
18. Gruber, Friedrich. Neuer Beweis des Transversalensatzes in der absoluten Geometrie. Reichsmark 0·80
19. Rosenthal, A. Über die Existenz der Lösungen von Systemen gewöhnlicher Differentialgleichungen. Reichsmark 1·20

Druck: Hermann Böhlaus Nachfolger, Hof-Buchdruckerei, G. m. b. H., Weimar.

FSC
www.fsc.org
MIX
Papier | Fördert
gute Waldnutzung
FSC® C083411

Zeitfracht Medien GmbH
Ferdinand-Jühlke-Straße 7
99095 Erfurt, Deutschland
produktsicherheit@kolibri360.de